Armin Täubner

# RIESENGROSSE CLOWNEREI

Fensterbilder
aus Tonkarton

frechverlag

Zeichnungen: Armin Täubner
Fotos: frechverlag GmbH + Co. Druck KG, 70499 Stuttgart; Birgitt Gutermuth



Auflage: 5. 4. 3. 2. 1. | Letzte Zahlen
Jahr: 1999 98 97 96 95 | maßgebend



frechverlag GmbH + Co. Druck KG, 70499 Stuttgart

ISBN 3-7724-1991-7 · Best.-Nr. 1991

Druck: frechverlag GmbH + Co. Druck KG, 70499 Stuttgart

Clowns erfreuen sich immer wieder großer Beliebtheit – nicht nur Kinder lieben diese lustigen Gesellen, die endlich einmal das tun dürfen, was die Eltern immer verbieten. Auch Erwachsene haben sie in ihr Herz geschlossen, denn ein Clown läßt sie richtig herzhaft lachen und versetzt sie für einige Zeit in ihre Kindheit zurück.

Vielleicht sind sie auch deshalb so beliebt, weil sie uns die verschiedenen Facetten des Menschen so deutlich aufzeigen: Clowns lachen und weinen, sind wagemutig und tolpatschig, übermütig und traurig, schadenfroh und hilfsbereit ... Im Grunde sind Clowns wie wir, denn in jedem von uns steckt ein solches Gemüt – wir wissen es nur sehr häufig gar nicht.

Wenn Clowns Sie auch so faszinieren oder wenn Sie schon lange nicht mehr im Zirkus waren, warum zaubern Sie diese riesengroßen Spaßmacher nicht an Ihre Balkontür, Ihr Fenster oder Ihre Wand?
Clown Beppo sorgt für die Musik, Clown Emilio zeigt lustige Kunststückchen, Clown Angelo zaubert durch seine wagemutige Akrobatik Spannung in die Wohnung, und Clown Enrico läßt sich durch nichts aus der Ruhe bringen. So kommt Stimmung auf, denn Clowns halten nichts von Langeweile.

Es ist gar nicht so schwierig, die bis zu 70 cm großen Clowns anzufertigen. Auf die weiße Grundform klebt man einfach ein zweites, farbiges Clownteil und die übrigen kleinen Teile auf. Sie können entweder Ihren Lieblingsclown allein aufhängen oder eine ganze Clownparade veranstalten.

Nun Manege frei für die riesengroße Clownerei!

# SCHRITT-FÜR-SCHRITT-ANLEITUNG

1

2

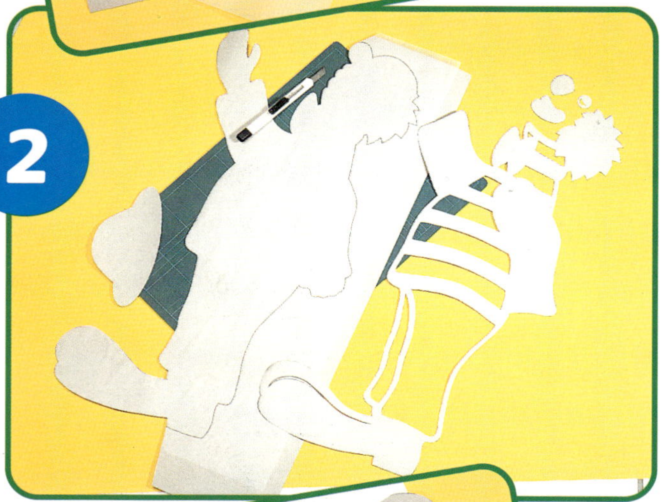

3

**1.** Grundsätzlich sollten für alle Clowns zwei Hauptschablonen angefertigt werden – eine Schablone für den farbigen Karton (durchgezogene Linie) und eine Schablone für den weißen Karton (durchgezogene und gestrichelte Linie). Hinzu kommen weitere Schablonen für Augen, Nase, Mund sowie für Tiere, Hüte, Stöcke, Bälle... Übertragen Sie die Umrisse auf Transparentpapier, und kleben Sie dieses anschließend auf einen Karton.

**2.** Nun werden die Schablonen mit dem Cutter ausgeschnitten. Dabei sollten Sie immer eine geeignete Schneideunterlage verwenden.
Schneiden Sie stets zuerst die Innenflächen heraus, wobei Sie am besten mit den kleinsten Flächen beginnen.
Abschließend wird die äußere Kontur mit dem Cutter oder der Schere nachgeschnitten.

**3.** Legen Sie die Schablonen auf den weißen und den farbigen Karton.
Nun werden die Umrisse bzw. bei dem farbigen Karton auch die Innenlinien mit dem Bleistift exakt nachgezogen.

4

5

6

**4.** Schneiden Sie zunächst nur die farbigen Kartonteile mit dem Cutter oder der Schere aus. Diese werden auf das weiße, noch nicht ausgeschnittene Clownteil geklebt. Wenn Sie exakt gezeichnet und ausgeschnitten haben, sind vom weißen Clown nur noch die Umrißlinien von Gesicht und Händen erkennbar.

**5.** Nachdem die Konturen des Clowns samt Gesicht und Händen mit dem Cutter nachgeschnitten wurden, können Augen, Mund und Nase aufgeklebt werden.

**6.** Abschließend werden die übrigen Teile wie Hut, Stock und Tiere ergänzt.

## TIP:

**Schön sieht es aus, wenn Sie die Clowns mit der farbigen Seite nach außen ans Fenster hängen. Denn die dunklen Konturen und Flächen des farbigen Kartons scheinen deutlich durch den weißen Karton hindurch. So sieht der Clown in Ihrer Wohnung dunkelgrau-weiß aus.**

**Soll der Clown auf beiden Seiten gleich aussehen, benötigen Sie alle farbigen Teile doppelt. An dieser Stelle möchte ich Ihnen zeigen, wie Sie die farbigen Kartonteile vollkommen deckungsgleich anfertigen können. Außerdem ist diese Methode auch zeitsparend, denn Sie müssen die Konturen für die doppelten Teile nur einmal aufzeichnen.**

**Zunächst benötigen Sie zwei gleich große und gleichfarbige Kartons. Übertragen Sie die Konturen und die Innenlinien der betreffenden Schablone auf einen farbigen Karton. Nun wird der aufgezeichnete Clown so ausgeschnitten, daß überall entlang der Konturen noch einige Zentimeter Platz gelassen wird.**

**Anschließend befestigen Sie diesen Clown mit dem Tacker auf dem zweiten, farbigen Karton. Dabei sollten Sie die Klammern etwa 2 cm von den Konturen entfernt und im Abstand von 20 cm anbringen.**

**Mit dem Cutter werden nun zuerst die Innenflächen und anschließend die Konturen beider farbiger Kartons gleichzeitig heraus- bzw. nachgeschnitten.**

**Übertragen Sie nun die andere Schablone auf weißen Karton. Bevor Sie diesen jedoch ausschneiden, wird ein farbiges Clownteil auf den weißen Karton geklebt.**

**Jetzt wird der Clown mit seinen Händen und seinem Gesicht ausgeschnitten. Nun kann der Clown umgedreht und das zweite, farbige Clownteil aufgeklebt werden. Möglicherweise muß der Clown abschließend an einigen Stellen nachgeschnitten werden. Und schon ist der doppelseitige Clown fertig!**

# Clown Theobald

Clown Theobald kann mit verschiedenen Tieren kombiniert werden. Wenn Sie den Clown nur einseitig mit farbigem Karton bekleben, wird der Hut einfach weggelassen. Theobald kann aber auch einen Hut, Stock oder Vogel in seiner Hand halten. Vielleicht verzieren Sie abschließend seine Hose oder seine Schuhe mit aufgeklebten Punkten oder Herzen.

***Was erzählt Theobald wohl den Tieren?***

# Clown Mario

Clown, Schirm und Elefant werden aus farbigem Karton (durchgezogene Linie) und aus weißem Karton (durchgezogene und gestrichelte Linie) jeweils zusammenhängend ausgeschnitten. Auge, Nase und Mund, der untere Teil des Schirmstocks, die linke Clownhand, Stoßzahn, Ohr und Auge des Elefanten sowie die Punkte auf Schirm und Satteldecke werden separat ausgeschnitten und aufgeklebt.

***Und schon reitet Mario, der Clown, durch die Manege.***

# Clown Beppo

Clown Beppo hat mit seiner lustigen Musik einen fröhlichen Falter angelockt. Die weißen Punkte auf seiner Hose werden am besten mit einer Schablone aufgezeichnet, ausgeschnitten und aufgeklebt. Anstelle der Punkte können Sie Beppos Hose auch mit weißen Herzen oder Stoffflicken verzieren.

***Und schon tanzt der Falter fröhlich zur Musik.***

# Clown Sandro

Eine Hand hat er in der Manteltasche. Was mag er wohl darin versteckt haben? In der anderen Hand hält er einen Spazierstock, der mit roten Querstreifen verziert ist. Die Schuhe werden separat ausgeschnitten und aufgeklebt. Vielleicht möchten Sie diese noch mit Schnürsenkeln verzieren oder Sandros Fliege mit einigen Farbtupfern verschönern.

***Welche Überraschung zieht Sandro, der Clown, nun aus seiner Tasche?***

# Clown Renzo

Dieser Clown trägt gerne längsgestreifte Anzüge, und er mag Hunde über alles. Hinzu kommt, daß er nur aus wenigen Einzelteilen besteht. Nachdem Sie die Kontur des weißen Clownteils (durchgezogene und gestrichelte Linie) auf weißen Karton übertragen haben, können Sie das ausgeschnittene lila Clownteil sowie Auge, Nase und Mund aufkleben. Nun kann der Clown fertig ausgeschnitten werden.

***Mit welcher Akrobatiknummer überraschen uns die beiden heute?***

# Clown Angelo

Angelo ist ein toller Turner an den Ringen. Gleich wird er einen wagemutigen Handstand vorführen. Anstelle der Ringe könnte er auch eine rote Hantel stemmen. Dabei werden die Ringe einfach durch einen querverlaufenden roten Stab (30 cm lang und 1,5 cm breit) ersetzt. Die Gewichte sind zwei Rechtecke (14 cm x 4 cm) mit abgerundeten Ecken. An jeder Hand befindet sich zwischen dem Daumen und den restlichen Fingern ein ca. 2 cm tiefer Einschnitt (gestrichelte Linie). In diesen Einschnitt stecken Sie einen roten Ring und kleben nun das separat ausgeschnittene Fingerteil (punktierte Linie) darüber. Die Seile an den Ringen sind jeweils 1,5 cm breit. Ihre Länge richtet sich nach dem Fenster, an dem der Clown turnen soll.

***Und schon präsentiert Angelo, der Clown, seine atemberaubende Akrobatik.***

# Clown Florian

(Abbildung Seite 14)

Der Ball, auf dem Florian balanciert, hat einen Durchmesser von 10,5 cm. Bei den kleinen Bällen betragen die Durchmesser 1,5 cm, 3 cm und 3,5 cm. Florians Auge besteht aus drei Teilen: Auf eine rote Kreisscheibe kleben Sie einen etwas kleineren weißen Kartonpunkt. Schließlich wird noch ein rotes Kreuz mitten aufs Auge geklebt. Abschließend wird die Hose des Clowns mit weißen Punkten dekoriert.

***Und dann balanciert Florian gutgelaunt durch die Manege.***

# Clown Florian

# Clown Fridolin

Fridolin, der Blumenfreund, mag natürlich Schmetterlinge. Einer von ihnen hat sich auf seinen Schuh gesetzt, andere können um den Clown herumflattern. Separat ausgeschnitten und aufgeklebt werden Augen, Nase und Mund sowie die weißen Punkte auf den Blüten und die Schnürsenkel.

***Wem schenkt Fridolin, der Clown, wohl seine Blumen?***

# Clown Emilio

Die Kontur des weißen Clownteils umfaßt im Gegensatz zum grünen Teil auch Gesicht, Mützenpompon und Schuhe. Die Hand wird aus dem grünen Clownteil herausgeschnitten. Separat ausgeschnitten werden neben Auge und Nase nur die vielen weißen Punkte (Durchmesser 2 cm), mit denen Hemd und Hose beklebt werden. Zum Schluß kann der kleine Hund noch Kunststückchen auf Emilios Rücken vorführen.

# Clown Philippo

Kleben Sie das lilafarbene Clownteil (durchgezogene Linie) auf den weißen Karton, auf den Sie bereits die Umrisse der zweiten Schablone samt Kopf und Händen (durchgezogene und gestrichelte Linie) mit Bleistift gezeichnet haben. Nun werden Nase, Mund und Augen aufgeklebt, bevor der Clown fertig ausgeschnitten wird. Zum Schluß erhält Philippo noch Hut und Stock.

***Wie hoch muß der Hund wohl springen, wenn er den Hut erreichen möchte?***

# Clown Wendelin

Wendelin läßt sich sowohl mit Seelöwen als auch mit den beiden Hunden und dem Vogel von Seite 6 sehr gut kombinieren.
Bei diesem Clown endet die grüne Rumpfschablone am Hals. Für das Kopf-Haar-Teil wird eine extra Schablone angefertigt.
Die weißen Punkte auf Hutband und Blume werden ebenso wie die weiße Hand separat ausgeschnitten und aufgeklebt.

***Und welches Kunststückchen werden wir nun sehen?***

# Clown Matti

Die beiden Hosenknöpfe und die herzförmigen Flicken auf Mattis Knien können Sie entweder direkt aus dem blauen Karton herausschneiden, oder sie werden separat aus weißem Karton ausgeschnitten und aufgeklebt. Beim Clownsgesicht werden zuerst der Mund, dann die Nase und abschließend die Augen angebracht.

***Welchen Streich heckt Matti, der Clown, wohl aus?***

# Clown Enrico

Sowohl für die beiden großen Clownteile in Weiß und in Lila als auch für Auge, Nase, Mund sowie die Schnürsenkel müssen Schablonen angefertigt werden.
Hinzu kommen noch zwei Kreise für die Blume und den Mantel, die mit dem Zirkel direkt auf den weißen Karton gezeichnet, ausgeschnitten und aufgeklebt werden.

***Geht Enrico, der Clown, nun schon nach Hause?***

# CLOWN ALEXANDRO

Kleben Sie den ausgeschnittenen, pinkfarbenen Oberkörper auf den weißen Karton mit den Umrissen des gesamten Körpers samt Hut, Stock und Schuhen. Anschließend werden Mund, Nase, Augen, die drei Stockteile sowie die Schuhe angebracht. Zum Schluß kann noch der Hosenrand mit pinkfarbenen Punkten und die Jacke mit drei weißen Knöpfen verziert werden.

***Und nun verabschieden sich die Clowns und ziehen weiter.***

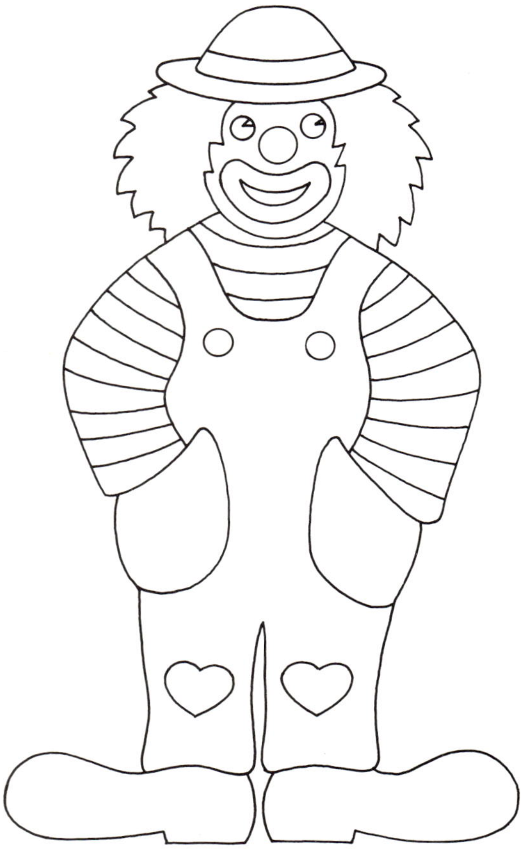

**Zum Thema „Fensterbilder aus Tonkarton"**
**sind von dem bekannten Autor Armin Täubner**
**zahlreiche weitere Titel erschienen.**
**Hier eine Auswahl:**

TOPP 1782

TOPP 1808

TOPP 1783

TOPP 1796

TOPP 1851

TOPP 1594

TOPP 1785

TOPP 1789

TOPP 1650